BEI GRIN MACHT SICH IHR WISSEN BEZAHLT

- Wir veröffentlichen Ihre Hausarbeit,
  Bachelor- und Masterarbeit

- Ihr eigenes eBook und Buch -
  weltweit in allen wichtigen Shops

- Verdienen Sie an jedem Verkauf

Jetzt bei www.GRIN.com hochladen
und kostenlos publizieren

Bibliografische Information der Deutschen Nationalbibliothek:

Die Deutsche Bibliothek verzeichnet diese Publikation in der Deutschen National-
bibliografie; detaillierte bibliografische Daten sind im Internet über http://dnb.d-
nb.de/ abrufbar.

Impressum:

Copyright © 2017 GRIN Verlag
Druck und Bindung: Books on Demand GmbH, Norderstedt Germany
ISBN: 9783668792340

Hoang Long Nguyen

Soziale Ungleichheit. Die umstrittenen Ursachen von globaler Armut und die Rolle der WTO

GRIN Verlag

Nguyen, Hoang Long

Seminararbeit

Soziale Ungleichheit:

Die umstrittenen Ursachen von globaler Armut und die Rolle der WTO

Wintersemester 2016/2017

Geographie Master of Science, Vertiefung Governance und Raum

Modul M3b „Ungleichheit und Entwicklung im Zeitalter der Globalisierung"

Inhaltsverzeichnis

Abbildungsverzeichnis

1. Einleitung

62 Einzelpersonen besitzen so viel wie 3,6 Milliarden Menschen auf dieser Welt – und damit mehr als die Hälfte der Weltbevölkerung (OXFAM, 2016: 2). Der Abstand zwischen den reichen und armen Menschen ist trotz schnellen wirtschaftlichen Wachstums immer noch enorm groß. Diese **ungleichen Verhältnisse** können in Zukunft bei aktueller Entwicklung sogar weiter zunehmen. Die soziale und globale Ungleichheit versuchen Industrieländer etwa durch Entwicklungszusammenarbeit im engeren wie weiteren Sinne zu bekämpfen. Dennoch ist der Zustand der globalen Ungleichheit immer noch präsent.

Entscheidend in dieser Arbeit ist es, eine mögliche **Ursache** für Armut und Ungleichheit zu analysieren. Daraus ergeben sich mögliche Handlungsfelder, um die Probleme zu lösen.

Zu Beginn wird zunächst der Armutsbegriff knapp definiert. Nachdem die Grundlagen geschaffen worden sind, soll in einem kurzen Beitrag die **Vermessung** der globalen Armut von der Weltbank und von Oxfam dargestellt werden. Gleichzeitig wird in diesem Kapitel die These, dass die **Reichen reicher und die Armen immer ärmer** werden, überprüft. Im theoretischen Diskurs soll die Frage geklärt werden, ob **Ungleichheit** ein notwendiger und unvermeidbarer Zustand ist.

Aufbauend darauf wird im darauffolgenden Kapitel die Armutsursache vorgestellt. Im Rahmen dieser Seminararbeit und aufgrund der Komplexität wird lediglich eine mögliche und ausgewählte Ursache kritisch hinterfragt: Diese ist die **Globalisierung**. Neben den wirtschaftlichen Aspekten soll auch das **Nord-Süd-Machtgefälle** innerhalb der **Finanzorganisationen** dargestellt werden. Letztere haben als international agierende Organisationen besonders großen Einfluss auf die die teils hochverschuldeten Entwicklungsländer im Kontext der Globalisierung und damit auch auf die Ungleichheit. Die Rolle der Organisationen wird in diesem Teil kritisch betrachtet.

Verhandlungsrunden wie die in **Doha** sind ein wichtiger Schritt für eine globale Kooperation, die im Endeffekt eine Reduzierung der Ungleichheit und damit Armut bewirken können. Vertreten sind hierbei über 160 verschiedene Staaten, die wiederum unterschiedliche Interessen haben. Das problematische Verhältnis zwischen den unterschiedlichen Akteuren ist seit längerem bekannt. Der Konflikt aber auch das Potenzial einer solchen Verhandlungsrunde soll in diesem Kapitel erläutert werden.

Die Arbeit fasst im Schlussteil die wesentlichen Aussagen und Ergebnisse in einem Fazit zusammen.

2. Was ist Armut?

Es existieren zahlreiche unterschiedliche Definitionen für den Begriff „**Armut**". Dies hängt damit zusammen, dass abhängig davon, aus welcher wissenschaftlichen Disziplin sowie Gesellschaft bzw. Kultur „Armut" gedeutet wird, andere Faktoren im Fokus stehen. Einen allgemeingültigen und objektiven Erklärungsansatz zu finden, ist aufgrund der Komplexität des Themas nicht möglich. Nach BURRI basieren alle Definitionen zur Armut letzten Endes auf **Wertvorstellungen**, die sich wiederum individuell unterscheiden (BURRI, 1998: 7). Fakt ist, dass gerade wegen der Komplexität eine umfassende **transdisziplinäre Herangehensweise** für das Verständnis notwendig ist.

Ein häufig verwendeter Indikator zur Messung von Armut, ist die Berechnung von statistischen Armutsgrenzen, sogenannte *poverty lines*, die ein in der jeweiligen Gesellschaft vermutetes Existenzminimum festlegen (NUSCHELER, 2012: 89). Eine Methode zur Festlegung der Armutsgrenze ist die von der Weltbank erstellte *Living Standard Measurement Survey* (LSMS), wo der quantitative Maßstab in der Regel ein Pro-Kopf-Einkommen ist, das 50 Prozent unter dem nationalen Durchschnitt liegt und den existenziellen Mindestbedarf decken soll (ebd.). Es besteht auch die Möglichkeit das Konsumniveau durch ein zusammengestelltes Warenbündel zu definieren, das für die Befriedigung grundlegender menschlicher Bedürfnisse als notwendig erachtet wird (ebd.). Die Wahl des Maßes selbst ist hierbei ein Werturteil. In dieser Arbeit wird grundsätzlich zwischen relativer und absoluter Armut unterschieden.

2.1 Relative vs. absolute Armut

Mit der **relativen Armut** wird die Lebenslage von Bevölkerungsgruppen, die im Verhältnis zum allgemeinen Wohlstandsniveau am unteren Ende der Einkommens- und Wohlstandspyramide leben (NUSCHELER, 2012: 89). So gelten in Deutschland demnach alle Menschen als armutsgefährdet, deren Haushaltseinkommen weniger als 60 Prozent des mittleren Einkommens beträgt (BPB, 2012: o.S.). Im Jahr 2009 belief sich dieser Schwellenwert für eine alleinlebende Person inklusive staatlicher Sozialleistungen bei etwa 940 Euro im Monat (ebd.). Es gibt somit keine absolute Grenze, die auf ein **Existenzminimum** beruht. Gleichzeitig kann die Armut nur in Relation zum nationalen Durchschnittseinkommen gemessen werden. Solche statistischen Erhebungsmethoden werden deshalb häufig innerhalb von Industriestaaten angewendet.

Statistiken die die Armut relativ messen sind für Fehler anfällig und irreführend. So scheint einzig und allein ein niedriges Einkommen als Kriterium ausschlaggebend zu sein. Diese Erhebungen setzen jedoch nicht das eigene Einkommen mit den **Lebenshaltungskosten** ins Verhältnis. Demzufolge müssen erwerbstätige Menschen mit einem niedrigen Einkommen nicht zwangsläufig als arm kategorisiert werden, solange diese die Lebenshaltungskosten auch bezahlen können. Die Messung der

Armutsgrenze anhand des Durchschnitteinkommens ist zudem stark regional und national abhängig. Eine Armutsgrenze für ein ganzes Land festzulegen ist fehlerbehaftet, da bei einem solchen Messwert nicht etwa zwischen strukturstarken und -schwachen Regionen unterschieden wird. Methodisch sind zudem viele weitere Faktoren miteinzubeziehen. Streng genommen wird hier nicht die Armut bewertet, sondern die **soziale Ungleichheit**.

Absolute Armut liegt vor, wenn Menschen nicht über die zur Existenzsicherung notwendigen Güter (z.B. Nahrung, Kleidung, Wohnung) verfügen (NUSCHELER, 2012: 89). Dies bedeutet auch, dass die Menschenwürde nach dieser Definition als Maßstab genommen wird. Kulturell könnte diese jedoch unterschiedlich gedeutet werden. Auch die Weltbank hat hierzu eine *poverty line* definiert. Menschen gelten als absolut arm, die mit weniger als **1,90 US-Dollar** per Kaufkraftparität pro Tag auskommen müssen (FERREIRA, 2015: o.S.). Die statistische Erhebungsmethode der Weltbank wird dabei häufig kritisiert und in Frage gestellt. Nach NUSCHELER gebraucht die Weltbank *„einen sehr einfachen, allerdings auch groben Maßstab"* (2012: 90). Bei der Erhebung werden wichtige Faktoren wie die **Subsistenzwirtschaft** vernachlässigt. Menschen die ihre Nahrung selbst anbauen und damit nicht notwendigerweise auf ein hohes Einkommen angewiesen sind, werden in der Statistik zu den absolut Armen gezählt. Das Konzept der absoluten Armut ist in Industrieländer oft nicht anwendbar, da in Ländern wie Deutschland die physiologische Existenzsicherung durch das **staatliche Sozialsystem** abgesichert ist.

Auffallend ist, dass nach den bisher benannten statistischen Erhebungsmethoden, sowohl bei der relativen und als auch bei der absoluten Armut, die **monetären** Faktoren dominieren. Es wird angenommen, dass das eigene Einkommen mit dem Lebensstandard stark korreliert. BRODBECK kritisiert, dass die Armut als ein *„natürliche[r] Zustand"* angesehen, Reichtum dagegen als individuelle Leistung bewertet wird (vgl. 2005: 66). Die Armut wird somit auf das Einkommen reduziert und gilt sogar als **selbstverschuldet** (ebd.). Das subjektive Armutsempfinden des Menschen wird dagegen nicht thematisiert.

Kritikpunkt ist demzufolge die **einseitige** perspektivische Bewertung der Armut seitens der Industrieländer bzw. der Institutionen. Um die Armutsgruppen selber zu Wort kommen zu lassen, wurde von Lokalexperten eine Bewertung, etwa im Rahmen der *Participatory Poverty Assessment* (PPA) beispielsweise in Kenia durchgeführt, um einen Denkanstoß zu geben und eine Diskussion bei der Weltbank anzuregen (NARAYAN u. NYAMWAYA, 1996). Die Ergebnisse aus den PPA's zeigen, dass die Menschen **Sicherheit** vor allerlei Risiken und die Chance erhalten wollen, ihr Leben **selbst** zu bestimmen (NUSCHELER, 2012: 93). Die *„objektiven"* Daten unterscheiden sich also erheblich von den Selbsteinschätzungen (ebd.).

2.2 Vergleich zwischen früher und heute

Wie aus dem vorigen Kapitel ist das Problem klar erkennbar: Es gibt nicht den einen Index, um Armut messbar zu machen.

Entscheidend ist in dieser Arbeit jedoch nicht die verschiedenen Erhebungsmethoden aufzuzeigen, sondern vielmehr die **Entwicklung** der Armut darzustellen. Letztere soll durch die folgende Abbildung anhand des weltweiten Bruttoinlandsproduktes pro Kopf (kaufkraftbereinigt) visualisiert werden:

Abbildung 1: Das BIP pro Kopf weltweit von 1990-2014

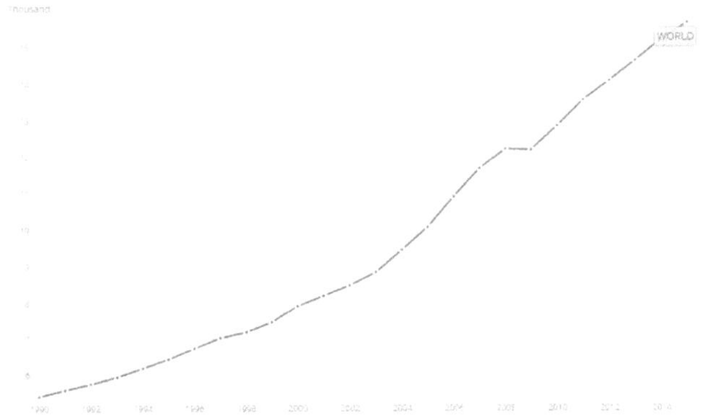

Quelle: data.worldbank.org: GDP per capita, PPP (current international $); o.J.; (abgerufen am 15.03.2017)

Die Abbildung verdeutlicht, dass das durchschnittliche Einkommen weltweit seit 1990 angestiegen ist. Die **Globalisierung** ermöglichte sowohl armen als auch reichen Menschen zunehmend den Handel von Waren und Dienstleistungen. Inflationsbereinigt ist somit das BIP pro Kopf von 1990 bis 2014 um nahezu das **Dreifache** gestiegen (s. Abb. 1).

Die obige Abbildung stellt zwar die Entwicklung des BIP pro Kopf weltweit dar, jedoch ist unklar, wer genau dafür verantwortlich ist. Es ist nicht ersichtlich, ob die Reichen oder Armen diese Entwicklung durch ihr steigendes bzw. stagnierendes oder sogar gesunkenes Einkommen beeinflusst haben.

Insgesamt hat sich dennoch die Zahl der Menschen, die in extremer bzw. absoluter Armut leben, von 1990 bis 2010 in den Entwicklungsregionen mehr als halbiert (VEREINTE NATIONEN, 2014: 4). China konnte in diesem Zeitraum die Zahl der extrem Armen von 60 Prozent sogar auf 12 Prozent reduzieren (VEREINTE NATIONEN, 2014: 8).

Lässt sich also mit diesen Informationen die These widerlegen, dass die **Reichen immer reicher und die Armen immer ärmer werden**? Fakt ist, dass trotz der teils erfolgreichen Umsetzung der **Millennium-Entwicklungsziele** der *Vereinten Nationen* (UN) immer noch viele Menschen mit weniger als

1,90 US-Dollar pro Tag leben müssen. An der folgenden Abbildung soll die Ungleichheit zwischen Arm und Reich deutlicher dargestellt werden:

Abbildung 2: Ungleiche Verteilung des Vermögens weltweit

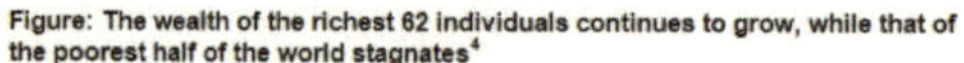

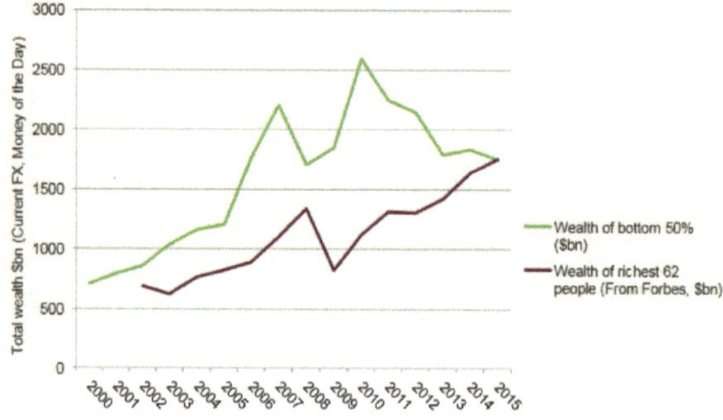

Figure: The wealth of the richest 62 individuals continues to grow, while that of the poorest half of the world stagnates[4]

Quelle: Oxfam; An economy for the 1%, 2016: 3

Abbildung 2 zeigt, dass das Einkommen der **unteren Hälfte der Weltbevölkerung** bis 2010 deutlich gestiegen ist. In den darauffolgenden Jahren sinkt das Einkommen stetig und stagniert bei etwa 1,7 bis 1,8 Milliarden US-Dollar im Jahre 2015. Das Vermögen der **62 reichsten Menschen** dagegen, nähert sich stetig an die Kurve der unteren Hälfte der Weltbevölkerung an. Die Tendenz ist bei ersteren zudem weiterhin positiv. Der Grafik von *Oxfam* zufolge bedeutet dies, dass das Vermögenswachstum weltweit bei beiden Gruppen in diesem Zeitraum generell positiv ist, ungeachtet der verschiedenen Krisen.

Die hier zu überprüfende These ist somit nur teilweise richtig: Die Lebenssituation hat sich für die Armen insgesamt im Laufe der Zeit verbessert. Richtig ist, dass die Reichen ihr Einkommen deutlich erhöhen konnten und es bei aktueller Entwicklung weiterhin werden.

2.3 Theoretischer Diskurs - Ist eine Ungleichheit notwendig?

Bei dieser Thematik werden oft „**Chancengleichheit**" und „Globalisierung" im selben Satz erwähnt, wie etwa im Rahmen des 6. deutsch-französischen Ministerrats:

„Die Europäische Union muss die Globalisierung gestalten und ihre Chancen nutzen. Chancengleichheit und Integration sind Schlüssel für die wirtschaftliche, soziale, kulturelle und politische Zukunft Europas." (BUNDESREGIERUNG, 2006: 1).

Diese Forderung nach Chancengleichheit bei gleichzeitiger und Aufrechterhaltung von **Ergebnisungleichheit** ist in der liberalen Denktradition angesiedelt (SOLGA et al., 2009: 23).

Als Gegensatz dazu versteht man unter einer **Chancenungleichheit** die ungleichen Chancen von sozialen Gruppen beim Zugang zu sozialen Positionen oder Handlungsressourcen (z.B. zu Bildungs-, Arbeitsmarkt- oder Einkommenspositionen) aufgrund zugeschriebener Merkmale (wie etwa soziale Herkunft, Geschlecht oder Ethnie) (Solga et al., 2009: 21).

Bei der **Ergebnis-** bzw. **Verteilungsungleichheit** werden hingegen Vor- und Nachteile verstanden, die sich durch den Besitz wertvoller Güter oder durch den Zugang zu erstrebenswerten Positionen ergeben (z.B. ungleiche Einkommen, Arbeitsbedingungen, Lebensstandards, etc.). (Solga et al., 2009: 21 f.).

Solga et al. stellen fest, dass es für die Gesellschaft wichtige Positionen besondere Anreize geben müsse, *„da diese Personen sonst weder bereit wären, in den Erwerb von (zusätzlichen) Qualifikationen für diese Positionen zu investieren, noch sich genügend anstrengen würden, um die positionsspezifischen Aufgaben bestmöglich zu erfüllen"* (ebd.).

Selbst bei einer rein theoretisch geschaffenen Chancengleichheit in einer zunehmenden **Leistungsgesellschaft**, ist letzten Endes eine **Ergebnisungleichheit** unvermeidbar (vgl. Solga et al., 2009: 24). Die Ungleichheiten werden nämlich durch die **individuelle Begabung** und der daraus resultierenden Leistungsunterschiede legitimiert (ebd.).

Es werden dieser wissenschaftlichen Perspektive nach also immer Menschen geben, die von der Globalisierung mehr, weniger oder sogar gar nicht profitieren. Die Ungleichheit hat damit schon vor und unabhängig von der Globalisierung existiert. Diese Erkenntnis schließt jedoch nicht aus, dass noch andere Theorien für die Ungleichheit in Frage kommen können wie z.B. der Geodeterminismus, die Ressourcenfluchtheorie oder auch demographische Theorien von T. Malthus.

Die Globalisierung kann dennoch die Ungleichheit weiter vergrößern, wobei erstere unter einem fairen Vorsatz reguliert werden kann. So schaffen weltweit agierende Finanzorganisationen wie die *Welthandelsorganisation* (WTO), der *Internationale Währungsfonds* (IWF) oder auch die *Weltbank* Rahmenbedingungen für den Welthandel. Inwieweit diese der Ungleichheit entgegen wirken kann oder auch nicht wird in den folgenden Kapiteln deutlich.

3. Die umstrittenen Ursachen von Armut und Ungleichheit

Die bisherigen Ergebnisse zeigen, dass es an statistischen Erhebungsmethoden nicht mangelt, um die Armut messbar zu machen. Allerdings können solche Datenanalysen nur bedingt einen Bruchteil der komplexen Thematik erklären. Empirische Datenerhebungen, wie in dieser Arbeit vorgestellt, sind häufig für Fehler anfällig, wenig objektiv und irreführend. Gleichzeitig bedarf es einer tiefergehenden und multidimensionalen Analyse.

Entscheidender ist es zu verstehen, wie es zu der **globalen Ungleichheit** und Armut auf dieser Welt gekommen ist. Grundsätzlich haben Ungleichheit und Armut historisch gesehen schon immer gegeben. In der Armutsforschung existieren daher zahlreiche Theorien über deren Ursachen. Bei dieser Debatte wird dabei nicht nur darüber diskutiert, warum es existiert, sondern auch wer oder was dafür verantwortlich gemacht werden kann. So wird beispielsweise darüber gestritten, ob die Gründe innerhalb oder außerhalb des Globalen Südens zu finden sind: Sind die Industriestaaten schuld, die mit ihrer wirtschaftlichen Vormachtstellung den Weltmarkt dominieren? Ist ihre koloniale Vergangenheit der eigentliche Grund für Ungleichheit und Armut? Oder sind doch die Länder im Globalen Süden selbst für das Elend verantwortlich?

Im Rahmen dieser Arbeit wird im Folgenden die Globalisierung als häufig genannte Ursache näher betrachtet. Bei der kritischen Vorgehensweise der Theorie soll verdeutlicht werden, dass diese keineswegs allgemeingültig ist und nur eines von vielen Erklärungsansätzen ist, die versucht das Thema greifbarer zu machen.

3.1 Globalisierung als Grund für die Ungleichheit

Die Globalisierung ist ein Prozess, der aus den verschiedensten wissenschaftlichen Disziplinen erklärt werden kann. So betonen Wirtschaftswissenschaftler die **Internationalisierung** der Produktion und die **Entgrenzung** des Welthandels, Sozialwissenschaftler die **Intensivierung** transnationaler sozialer Beziehungen und das Entstehen einer **Weltgesellschaft**, Politikwissenschaftler den Bedeutungsverlust der Nationalstaaten und Staats- und Völkerrechtler die Erosion von **Souveränität** (NUSCHELER, 2012: 43). In der **geographischen Entwicklungsforschung** ist die Globalisierung eines der zentralen Forschungsthemen. In dieser Teildisziplin der Geographie als auch im Rahmen dieser Seminararbeit werden die Ursachen und Auswirkungen auf den globalen Süden untersucht. Gleichzeitig unterscheidet sich diese Wissenschaft von den anderen dadurch, dass sie interdisziplinär arbeitet und die räumliche Ebene bei der Forschung miteinbezieht.

Im Kern beziehen sich alle Erklärungsversuche auf den Zuwachs der internationalen Beziehungen sowie die Vernetzung von Systemen, Märkten, Volkswirtschaften und Gesellschaften, d.h. den Anstieg zwischen **globalen und lokalen** Prozessen (NGUYEN, 2013: 4).

Globalisierungsbefürworter vertreten die Ansicht, dass die Liberalisierung der Märkte für mehr Wohlstand sorgt, während die Kritiker der Globalisierung vorwerfen, dass sie nur wenigen Entwicklungsländern und dort wiederum nur Minderheiten zugutekommt (NUSCHELER, 2012: 50). Statistische Erhebungen wie in dieser Arbeit von *Oxfam* zeigen, dass es gravierende Unterschiede beim Einkommen zwischen den reichsten und ärmsten Menschen dieser Welt gibt. **Gewinner** und **Verlierer** gibt es hierbei allerdings sowohl im globalen Norden als auch im globalen Süden. Einerseits bietet die Globalisierung wettbewerbsfähigen Schwellenländern neue Chancen auf dem Weltmarkt (NUSCHELER, 2012: 51). Andererseits können ganze Regionen wirtschaftlich, sozial und politisch ins Abseits gedrängt werden (ebd.). Dazu kommen weitere Faktoren, wie AIDS-Epidemien, Hunger- und Finanzkrisen, Kriege und Dürreperioden, die die Situation zusätzlich verschlechtern können.

Dennoch kann die Globalisierung nicht allein für alle Probleme verantwortlich gemacht werden. Die Globalisierung kann den Entwicklungsländern nur dann Chancen geben, wenn sie diese auch zu nutzen wissen (vgl. ZIAI, 2000). Aus Sicht der Entwicklungsländer müssen wiederum **faire Rahmenbedingungen** für den **Welthandel** geschaffen werden, damit auch diese davon profitieren können.

3.2 Nord-Süd-Machtgefälle - Die Rolle der internationalen Finanzorganisationen

Ungleiche Verhältnisse lassen sich nicht allein an wirtschaftlichen Statistiken zum Einkommen festmachen. Neben diesen Zahlen ist es wichtiger zu verstehen, wo weltpolitische und -wirtschaftliche **Entscheidungen** bezüglich des Welthandels und damit im engeren wie weiteren Sinne auch bei der Globalisierung gemacht werden. Besonders großen Einfluss auf die teils hochverschuldeten Entwicklungsländer haben Finanzorganisationen wie die WTO, IWF und die Weltbank. Gerade hier ist das **Nord-Süd-Machtgefälle**, zwischen den Industrie- und Schwellen- sowie Entwicklungsländern erkennbar:

Mitspracherecht: Nach dem WTO-Abkommen erfolgen Mehrheitsabstimmungen nach dem Prinzip *„one-state-one-vote"* (SCHUBERT u. ZIMMER, 2015: 480). Obwohl aber die Entwicklungsländer die Mehrheit ausmachen, bleiben Beschlüsse gegen den Willen der großen Handelsmächte meist wirkungslos (ebd.). Besonders unverhältnismäßig ist die Verteilung der Stimmrechte bei der IWF und der Weltbank: Die Minderheit der Länder in der *Organisation für wirtschaftliche Zusammenarbeit und Entwicklung* (engl. Abk. OECD) verfügen über die Mehrheit der Stimmrechte, die hier nicht nach dem Prinzip „one-state-one-vote", sondern nach der Höhe der **Kapitalanteile** gewichtet sind (NUSCHELER, 2012: 66). So haben beispielsweise alle Entwicklungs-, Schwellen- und Transformationsländer gemeinsam, in denen 90 Prozent der Weltbevölkerung leben, weniger Stimmen als die G7 (ebd.).

Ressourcenausstattung: Trotz finanzieller Hilfen fehlen den Entwicklungsländern die Ressourcen, um an allen Verhandlungen wie z.B. bei der WTO teilzunehmen (SCHUBERT u. ZIMMER, 2015: 480). Es soll zudem noch nicht erwiesene Informationen gegeben haben, dass die Industriestaaten mit der Streichung der Gelder für die Entwicklungshilfe drohen, wenn sich die Entwicklungsländer im Rahmen von Verhandlungen zu sehr gegen die Beschlüsse der Industriestaaten auflehnen würden (SCHUBERT u. ZIMMER, 2015: 481). Dennoch sind dadurch die stark unterschiedlichen Machtverhältnisse erkennbar.

Verhandlungskapazität: Bei wichtigen Entscheidungen haben die Entwicklungsländer oftmals nur unzureichende Analyse- und Verhandlungskapazitäten (NUSCHELER, 2012: 66). Aus diesem Grund können sie sich keine teuren Expertenteams wie die Industriestaaten leisten und werden daher daran gehindert, Chancen des multilateralen Regelwerkes zur Steigerung der eigenen Wohlfahrt zu nutzen (vgl. ebd.). Da sie durch die fehlende Expertise nicht die Konsequenzen eines Verhandlungsvorschlags für ihre Volkswirtschaft adäquat bewerten können, blockieren sie die Verhandlungen selbst, um nicht einem für sie möglicherweise wirtschaftlich und politisch kostenintensiven Kompromiss zuzustimmen (MILDNER, 2009: 19 f.).

Erste Schwierigkeiten sind am Beispiel des Landes **Bangladesch** schon auf formaler Ebene zu finden: Verträge und Vereinbarungen die von der WTO beschlossen wurden sind verpflichtend einzuhalten (AZAM, 2005: 24). In einem Land wie Bangladesch existieren bereits mehr als 1200 Gesetze, deren Rechtskräftigkeit teilweise auch noch bald auslaufen (AZAM, 2005: 37). Kommen nun noch zusätzliche verpflichtende Regelungen der WTO hinzu, müsste das Rechtssystem in Bangladesch umfassend daran angepasst und geändert werden (ebd.). Entwicklungsländern wie Bangladesch fehlen die finanziellen Mittel, um eine umfassende Rechtsreform durchzuführen.

Eine Lösungsmöglichkeit ist die Allianz und Zusammenarbeit mit Nichtregierungsorganisationen (NGO), welche sich für die Interessen der Entwicklungsländer mit der nötigen Expertise einsetzen können (AZAM, 2005: 42).

Die hier genannten Aspekte sind nur wenige von vielen, die die Verhandlungen zwischen Entwicklungs-, Schwellen- und Industrieländer im Kontext des **Global Governance** so schwierig machen. Dieses **Weltstaatenmodell** suggeriert die Aussicht einer Gesamtlösung der komplexen Globalisierungs- und Armutsproblematik, kann diesen Erwartungen jedoch (noch) nicht gerecht werden (vgl. RODE, 2003: 6).

Den unterschiedlichen Ländern sind die Meinungsverschiedenheiten und Unverhältnismäßigkeiten durchaus schon lange bekannt. Die WTO-Mitgliedsstaaten sind aus diesem Grunde im Jahre 2001 bei der sogenannten **Doha-Runde** in Katar zusammengekommen, damit die

Ungleichheiten der bestehenden WTO-Abkommen zulasten der Entwicklungsländer korrigiert und ihre Bedürfnisse besonders berücksichtigt werden (OXFAM DEUTSCHLAND, 2015: 1).

Bisher gelten die Verhandlungen als gescheitert und entwicklungsfreundliche Handelsregeln wurden seitens der Industriestaaten immer wieder blockiert (vgl. ebd.).

Ungeachtet der erfolglosen Verhandlungen, kann die Handelsrunde einen wichtigen Beitrag zum Abbau von Armut und Ungleichheit beitragen (vgl. ebd.). Solche Handelsrunden werden in dieser Arbeit allgemein als möglicher Lösungsansatz gesehen, die die Armut und Ungleichheit reduzieren können.

4. Die Doha-Runde – Lösung und Problem zugleich

Bei der Doha-Runde nehmen mehr als 160 Mitglieder der WTO teil (BRANDI, 2015: o.S.). Nach den Terroranschlägen im Jahre 2001 und dem massiven Einbruch des Welthandels, zeigen sich die EU und die USA kompromissbereiter (MILDNER, 2009: 7). Ziel dieser Verhandlungsrunde ist die stärkere Berücksichtigung der Entwicklungsländer und deren Integration in die Weltwirtschaft (vgl. ebd.). Weitere Themen sind unter anderem der bessere Marktzugang im Agrarsektor für Entwicklungsländer sowie die Abschaffung der handelsverzerrenden Exportsubventionen in der Landwirtschaft der Industrieländer (OXFAM, 2015: 2 f.).

Bei der Vielzahl an Staaten existieren auch unterschiedliche Interessen, die im Rahmen dieser Verhandlung durchgesetzt werden wollen. Unter den Mitgliedern entstehen wiederum auch zahlreiche komplexe Verhandlungskooperationen und Oppositionen wie MILDNER versuchte diese Gruppen zusammenfassen und in einer Grafik darzustellen:

Abbildung 3: Verhandlungsgruppen bei der Doha-Runde

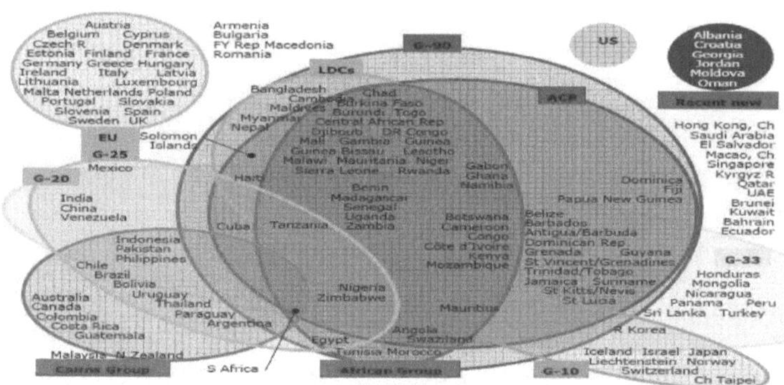

Quelle: MILDNER; Die Doha-Runde - Ein Format für künftige Liberalisierungsverhandlungen? o.J.: 12 (vergrößerte Ansicht am Ende der Arbeit)

Im Folgenden werden drei Kernverhandlungsgruppen vorgestellt:

Europäische Union (EU): Die EU gehört zu den Befürwortern einer solchen Handelsrunde (MILDNER, 2009: 7). Die Europäer vertreten die Position, dass nationale Regulierungsstrukturen in ein multilaterales Rahmenwerk eingebettet werden sollen (ebd.). Handels-, Finanz- und Investitionsregeln erfordern neue internationale Regeln, so die EU (ebd.).

Die EU setzt sich für eine Handelserleichterung, wie etwa den Abbau von Zöllen und leichteren Zugang zu verschiedenen Märkten, gleichzeitig aber auch für die Einhaltung von Sozial- und Umweltstandards ein (vgl. ebd.).

Vereinigte Staaten von Amerika (USA): Die USA sind mehr an einer thematisch begrenzten Runde, wo hauptsächlich Marktöffnungsthemen behandelt werden, und weniger an einer Weiterentwicklung des WTO-Regelwerks interessiert (MILDNER, 2009: 7). Zudem steht die USA kritisch gegenüber den Vorschlägen der EU, da entsprechende Regelungen zu stark in die nationale Gesetzgebung eingreifen könnten (vgl. ebd.). Besonders bei den Umweltstandards sind die beiden genannten Parteien uneinig.

Entwicklungsländer: Die Entwicklungsländer bestreiten generell die Notwendigkeit einer neuen Handelsrunde sowie die vorgeschlagenen Verhandlungsthemen, da sie sich bei den bisherigen Handelsrunden benachteiligt fühlen (MILDNER, 2009: 7). Abkommen in der Landwirtschaft und im Textilbereich werden von den Industrieländern nur langsam umgesetzt und die Implementierung der WTO-Abkommen **TRIPS** (Schutz des geistigen Eigentums) und **GATS** (Dienstleistungen) stellen für die Entwicklungsländer zu hohe Kosten dar (ebd.). Im Kern fordern sie faire Rahmenbedingungen im Welthandel und die Beseitigung der dort herrschenden Ungleichgewichte (vgl. ebd.). Allerdings ist hier zu erwähnen, dass sie neue Verhandlungsthemen wie Sozial- und Umweltstandards vehement ablehnen (ebd.). Sie befürchten, dass durch die Einführung solcher Standards ihre eigene Wettbewerbsfähigkeit auf dem Weltmarkt gefährdet ist und sie somit noch weiter abgedrängt werden als zuvor.

Die hier genannten Interessengruppen haben unterschiedliche Vorstellungen darüber, was der Zweck einer solchen Verhandlungsrunde ist. Die Überschneidungen der verschiedenen Interessen der Koalitionsgruppen erschweren die **Koordinierung** und die **Effizienz** bei den Verhandlungen (s. Abb. 3). Vorteilhaft wären **Brückenkoalitionen** zwischen Industrie- und Entwicklungsländern wie bei der Uruguy-Runde zwischen Kolumbien und die Schweiz, welche jedoch bei dieser Verhandlungsrunde fehlen (MILDNER, 2009: 20). Da die verschiedenen Parteien sich auch bei der Verhandlungsrunde in **Nairobi** (Kenia) im Jahre 2015 nicht einigen konnten und nicht bereit für gegenseitige Zugeständnisse sind, gilt diese Runde ebenfalls als gescheitert (NEW YORK TIMES, 2016: o.S.).

Die Entwicklungsländer sind nach wie vor an einer Verhandlung interessiert (BRANDI, 2015: o.S.). Einige Mitgliedsstaaten, allen voran die USA, plädieren für einen Abbruch der Verhandlungen (ebd.). Dennoch muss die Runde nicht gänzlich als gescheitert gesehen werden. Da viele Themen und Gespräche bereits festgefahren sind, kann eine neue Verhandlung unter der „**Gruppe der Willigen**" neue Chancen und Perspektiven geben (vgl. ebd.). Nicht-Unterzeichnerstaaten kann weiterhin die Möglichkeit zum Beitritt gegeben werden (ebd.).

5. Fazit

Die Ergebnisse in dieser Arbeit zeigen, dass Armut und Ungleichheit bereits vor der Globalisierung existieren. Statistiken zeigen zudem, dass die globale Armut weltweit bis heute, sowohl im globalen Norden als auch im globalen Süden, zurückgegangen ist. Zum einen durch die Liberalisierung des Weltmarkts, als auch durch die Anstrengungen von internationalen Organisationen wie die Vereinten Nationen, die mit ihren Millennium-Entwicklungszielen die Armut und Ungleichheit reduzieren konnten. Allerdings steigt das Einkommen der reichsten Menschen der Welt stetig zu und erhöht damit den Abstand zu den Armen. Nicht die Armut nimmt wie oft angenommen zu, sondern viel eher die Ungleichheit. In dieser Arbeit wurde zudem festgestellt, dass selbst bei einer rein theoretisch geschaffenen Chancengleichheit eine Ergebnisungleichheit nicht vermieden werden kann.

Die Frage die sich hier stellt ist, ob der Prozess der Globalisierung die Ungleichheit beschleunigen oder verlangsamen kann. Politische Grundlage ist die Liberalisierung des Welthandels: Wenn Zollschranken fallen, Länder ihre Märkte für Importe öffnen und selbst vermehrt exportieren, dann verflechten sich Waren und Kapitalströme immer mehr. Lange hieß es, die Liberalisierung der Kapitalmärkte würde die Wirtschaft in armen Ländern ankurbeln, indem sie internationale Investoren anlockt, was letztendlich ein riskantes Manöver ist. Milliardenbeträge lassen sich innerhalb von Sekunden über den Globus verschieben. Wenn Investoren plötzlich große Beträge abziehen, kann das zum Zusammenbruch führen, der im Dominosystem ein Land nach dem anderen in den Abgrund reißt.

Die Globalisierung kann nicht für alle Probleme verantwortlich gemacht werden. Sie hat durchaus das Potenzial, ärmeren Ländern zu mehr Wohlstand zu schaffen. Kapital allein reicht allerdings nicht aus, um die Armut und Ungleichheit zu bekämpfen. Faire Rahmenbedingungen müssen im Welthandel, besonders aus Sicht der Entwicklungsländer, geschaffen werden. In den internationalen Finanzorganisationen wie die WTO, IWF und Weltbank haben die Entwicklungsländer trotz zahlenmäßiger Mehrheit kaum Mitspracherecht. Die Ungleichheit ist also auch auf politischer Ebene zu finden, wo das Nord-Süd-Machtgefälle sehr deutlich zum Vorschein kommt. Industriestaaten wie die USA und in der EU blockieren häufig Beschlüsse, die nicht ihren Interessen passen und schlagen ihrerseits Abkommen vor, die oft zum Nachteil für die Entwicklungsländer sind.

Auch Verhandlungsrunden zwischen den verschiedenen Interessengruppen wie die von der WTO in Nairobi im Jahre 2015 sind nicht erfolgreich und gelten sogar als gescheitert. Dennoch ist es von großer Bedeutung, dass sich die WTO auch in Zukunft weiterhin als Verhandlungspartner und Streitschlichter bereitstellt. Weiterhin haben Industriestaaten wie die USA und in der EU eine Verantwortung gegenüber den Entwicklungsländern. Nur wenn die Gespräche unter fairen Bedingungen und auf gleicher Augenhöhe ablaufen, kann die Armut und Ungleichheit effektiver bekämpft werden.

Literaturverzeichnis

AZAM, M. M. (2005): *Establishment of the WTO and Challenges for the Legal System of Bangladesh*. Online verfügbar unter https://papers.ssrn.com/sol3/papers.cfm?abstract_id=2662128, zuletzt geprüft am 19.03.2017.

BRANDI, C. (2015): *Die Doha-Runde ist tot – es lebe die WTO? Die aktuelle Kolumne*. Deutsches Institut für Entwicklungspolitik (DIE). Bonn. Online verfügbar unter https://www.die-gdi.de/uploads/media/Deutsches_Institut_fuer_Entwicklungspolitik_Brandi_21.12.2015.pdf, zuletzt geprüft am 18.03.2017.

BRODBECK, K. (2005): *Ökonomie der Armut*. In: Clemens Sedmak (Hg.): *Option für die Armen. Die Entmarginalisierung des Armutsbegriffs in den Wissenschaften*. Freiburg im Breisgau: Herder, S. 59–80.

BUNDESREGIERUNG (Hg.) (2006): *Europa der Chancengleichheit: Integration ist Zukunft*. Ministerratsdokument Themenbereich Integration. Bundesregierung. Online verfügbar unter https://www.bundesregierung.de/Content/DE/Publikation/IB/Anlagen/themen-integrationspolitik-6-deutsch-franzoesisches-Ministerratstreffen.pdf?__blob=publicationFile&v=2, zuletzt geprüft am 16.03.2017.

BUNDESZENTRALE FÜR POLITISCHE BILDUNG (BPB) (2012): *Jeder sechste Deutsche von Armut bedroht*. Online verfügbar unter http://www.bpb.de/politik/hintergrund-aktuell/125771/jeder-sechste-von-armut-bedroht-28-03-2012, zuletzt aktualisiert am 28.03.2012, zuletzt geprüft am 13.03.2017.

BURRI, S. (1998): *Methodische Aspekte der Armutsforschung*. Zugl.: Bern, Univ., Diss., 1998. Bern: Haupt (Berner Beiträge zur Nationalökonomie, 85).

FERREIRA, F. (2015): *The international poverty line has just been raised to $1.90 a day, but global poverty is basically unchanged. How is that even possible?* Unter Mitarbeit von D. M. JOLLIFEE; E. B. PRYDZ. World Bank. Online verfügbar unter http://blogs.worldbank.org/developmenttalk/international-poverty-line-has-just-been-raised-190-day-global-poverty-basically-unchanged-how-even, zuletzt geprüft am 13.03.2017.

RODE, R. (HG.) (2003): *Global Governance und die Welthandelsordnung der WTO: Die Doha-Runde*. Martin-Luther-Universität Halle-Wittenberg; Professur für internationale Beziehungen und deutsche Aussenpolitik. Halle/Saale (Hallenser IB-Papier 4/2003). Online verfügbar unter http://www2.politik.uni-halle.de/rode/texte/IB-Papier0403WTO-Reader2.PDF, zuletzt geprüft am 18.03.2017.

MILDNER, S.: *Die Doha-Runde. Ein Format für künftige Liberalisierungsverhandlungen?* Stiftung Wissenschaft und Politik. Berlin. Online verfügbar unter http://www.sowi.rub.de/mam/content/lsip/praesentation_mildner.pdf, zuletzt geprüft am 18.03.2017.

MILDNER, S. (2009): *Die Doha-Runde der WTO. Stolpersteine auf dem Weg zu einem erfolgreichen Verhandlungsabschluss.* Berlin: Stiftung Wissenschaft und Politik. Online verfügbar unter https://www.swp-berlin.org/fileadmin/contents/products/studien/2009_S01_mdn_ks.pdf, zuletzt geprüft am 18.03.2017.

NARAYAN, D. U. D. NYAMWAYA (1996): *Learning from the Poor. A Participatory Poverty Assessment in Kenya.* Hg. v. Narayan, D. u. D. Nyamwaya. AMREF; ODA; unicef; World Bank; Environmentally Sustainable Development (Participation Series, Paper No. 034). Online verfügbar unter http://documents.worldbank.org/curated/en/548951468772209711/pdf/multi-page.pdf, zuletzt geprüft am 14.03.2017.

NEW YORK TIMES (2016): *Global Trade After The Failure of the Doha Round.* In: *New York Times,* 01.01.2016. Online verfügbar unter https://www.nytimes.com/2016/01/01/opinion/global-trade-after-the-failure-of-the-doha-round.html?_r=0, zuletzt geprüft am 19.03.2017.

NGUYEN, H. L. (2013): *Globalisierung und die Rolle der WTO in der Weltwirtschaft.* München: GRIN Verlag.

NUSCHELER, F. (2012): *Lern- und Arbeitsbuch Entwicklungspolitik. Eine grundlegende Einführung in die zentralen entwicklungspolitischen Themenfelder Globalisierung, Staatsversagen, Armut und Hunger, Bevölkerung und Migration, Wirtschaft und Umwelt.* 7., völlig neu bearb. und aktualisierte Aufl., Bonn: Dietz.

OXFAM (2016): *An economy for the 1%. How privilege and power in the economy drive extreme inequality and how this can be stopped.* Unter Mitarbeit von D. HARDOON, S. AYELE u. R. FUENTES NIEVA. Oxford: Oxfam International.

OXFAM DEUTSCHLAND (2015): *Freihandel vs. Hungerbekämpfung. WTO-Konferenz in Nairobi: Warum die Handelsgespräche in die falsche Richtung gehen.* Berlin. Online verfügbar unter https://www.oxfam.de/system/files/oxfam-hintergrund-freihandel-vs-hungerbekaempfung-wto2015.pdf, zuletzt geprüft am 18.03.2017.

SCHUBERT, K. U. ZIMMER A. (2015): *Handwörterbuch des ökonomischen Systems der Bundesrepublik Deutschland.* Wiesbaden: VS Verlag für Sozialwissenschaften (SpringerLink : Bücher).

SEDMAK, C. (Hg.) (2005): *Option für die Armen. Die Entmarginalisierung des Armutsbegriffs in den Wissenschaften.* Freiburg im Breisgau: Herder.

SOLGA, H.; POWELL, J.; BERGER, P. A. (2009): *Soziale Ungleichheit. Klassische Texte zur Sozialstrukturanalyse.* Frankfurt/New York: Campus Verlag. Online verfügbar unter http://www.zeithistorische-forschungen.de/sites/default/files/medien/material/2013-2/Solga-Soziale_Ungleichheit.pdf, zuletzt geprüft am 16.03.2017.

VEREINTE NATIONEN (HG.) (2014): *Millenniums-Entwicklungsziele. Bericht 2014. Vereinte Nationen.* Online verfügbar unter http://www.un.org/depts/german/millennium/MDG%20Report%202014%20German.pdf, zuletzt geprüft am 15.03.2017.

ZIAI, A. (2000): *Globalisierung als Chance für Entwicklungsländer?: Ein Einstieg in die Problematik der Entwicklung in der Weltgesellschaft.* Münster: LIT.

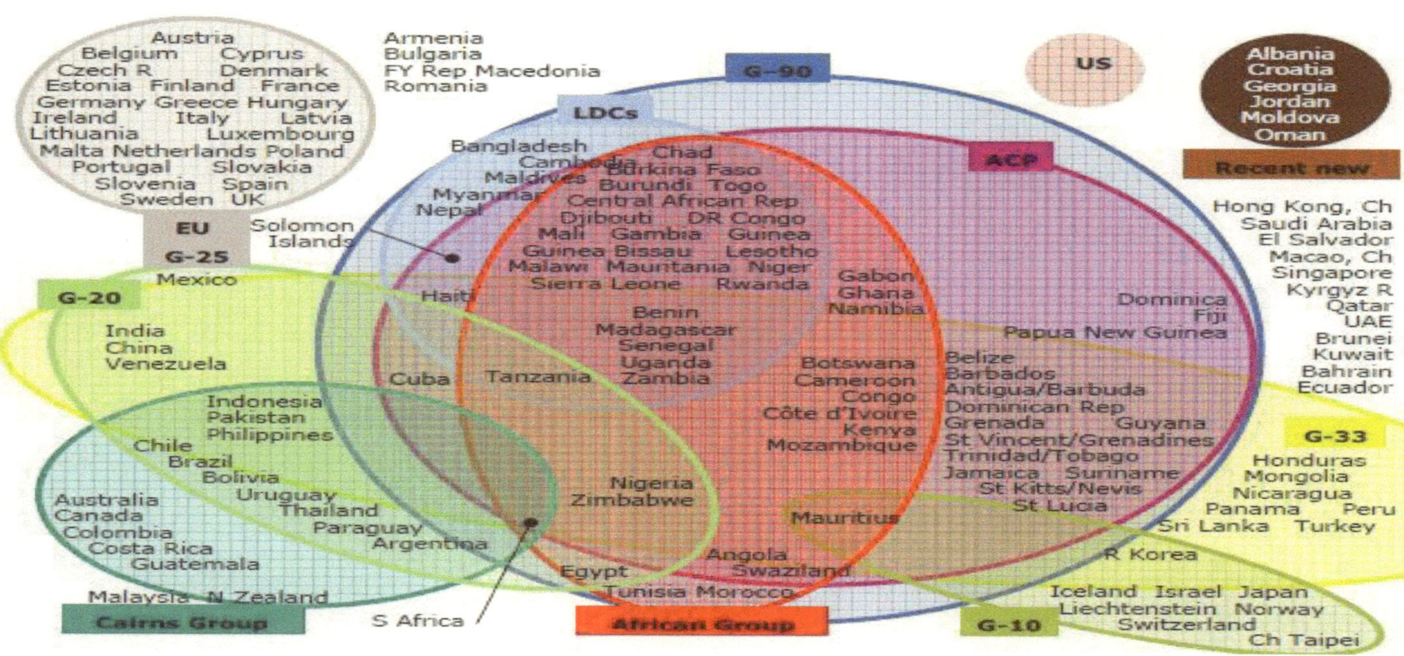

EU
G-25
Austria
Belgium Cyprus
Czech R Denmark
Estonia Finland France
Germany Greece Hungary
Ireland Italy Latvia
Lithuania Luxembourg
Malta Netherlands Poland
Portugal Slovakia
Slovenia Spain
Sweden UK
Armenia
Bulgaria
FY Rep Macedonia
Romania
G-90
LDCs
ACP
US
Albania
Croatia
Georgia
Jordan
Moldova
Oman
Recent new
Hong Kong, Ch
Saudi Arabia
El Salvador
Macao, Ch
Singapore
Kyrgyz R
Qatar
UAE
Brunei
Kuwait
Bahrain
Ecuador
Solomon Islands
G-20
India
China
Venezuela
Mexico
Bangladesh
Cambodia
Maldives
Myanmar
Nepal
Chad
Burkina Faso
Burundi Togo
Central African Rep
Djibouti DR Congo
Mali Gambia Guinea
Guinea Bissau Lesotho
Malawi Mauritania Niger
Sierra Leone Rwanda
Haiti
Benin
Madagascar
Senegal
Uganda
Zambia
Cuba Tanzania
Gabon
Ghana
Namibia
Botswana
Cameroon
Congo
Côte d'Ivoire
Kenya
Mozambique
Dominica
Fiji
Papua New Guinea
Belize
Barbados
Antigua/Barbuda
Dominican Rep
Grenada Guyana
St Vincent/Grenadines
Trinidad/Tobago
Jamaica Suriname
St Kitts/Nevis
St Lucia
G-33
Honduras
Mongolia
Nicaragua
Panama Peru
Sri Lanka Turkey
R Korea
Indonesia
Pakistan
Philippines
Chile
Brazil
Bolivia
Uruguay
Thailand
Paraguay
Argentina
Australia
Canada
Colombia
Costa Rica
Guatemala
Malaysia N Zealand
Cairns Group
Nigeria
Zimbabwe
S Africa
Egypt
Tunisia Morocco
Angola
Swaziland
Mauritius
African Group
G-10
Iceland Israel Japan
Liechtenstein Norway
Switzerland
Ch Taipei